RAPPORT

SUR LA SECONDE

EXPOSITION PUBLIQUE

DES PRODUCTIONS DES ARTS

DU DÉPARTEMENT DU CALVADOS,

Par PIERRE-AIMÉ LAIR,

Secrétaire de la Société d'Agriculture et de Commerce, et Membre de l'Académie de Caen, correspondant des Sociétés Philomatique de Paris et d'encouragement pour l'industrie nationale, Associé des Académies de Rouen, d'Alençon, de Metz, etc.

Honos alit artes.

A CAEN,

De l'imprimerie de F. POISSON.

1806.

RAPPORT

SUR LA SECONDE

EXPOSITION PUBLIQUE

DES PRODUCTIONS DES ARTS

DU DÉPARTEMENT DU CALVADOS,

EN 1806.

Lorsque nous nous réunîmes pour former une Société d'agriculture et de commerce, nous sentîmes facilement que c'étoit moins par des discours et des mots, que par des choses et des faits, que nous parviendrions au double but que nous nous proposions. Ne nous bornant point à de simples théories, qui rarement arrivent dans la chaumière du villageois et dans l'atelier du fabricant, nous nous attachâmes à instruire par la force de l'exemple, et à entretenir l'émulation par des encouragemens. Un des moyens qui nous parut le plus propre à faire prospérer les manufactures, fut d'exciter une

A 2

noble rivalité parmi les manufacturiers par la comparaison des objets provenans de leurs différens établissemens. L'exposition publique des productions des arts du département a parfaitement rempli nos désirs ; elle a même surpassé nos espérances : nous étions loin d'abord de nous attendre à d'aussi heureux résultats.

Trois années s'étaient écoulées depuis que cette idée avait été conçue et réalisée ; nous en avions trop bien reconnu les avantages pour ne pas souhaiter de voir se renouveller une institution aussi utile. Nous étions impatiens de faire briller d'un nouvel éclat le mérite et le talent. Mais en célébrant cette fête des arts, nous voulions le faire avec toute la solemnité dont elle était susceptible. Les fonds nécessaires pour les frais de l'exposition manquaient ; nous nous sommes empressés de former une souscription, à laquelle chacun de nous à l'envi a voulu contribuer : ce n'était pas la première fois que les membres de la Société avaient fait de pareils sacrifices pour l'avantage de leurs concitoyens.

L'ouverture de l'exposition était fixée au 15 avril. Quelques personnes prudentes, mais trop timides, craignaient que notre zèle ne fût point secondé et qu'on ne répondît que faiblement à notre invitation. Mais l'impulsion avait été donnée aux esprits dès la première exposition, et la réussite de l'une nous présageait le succès de l'autre. Notre confiance n'a point été trompée. Aucun moyen, il est vrai, n'avait été négligé pour faire valoir les productions des arts et pour orner l'édifice destiné à les recevoir. Il n'est personne qui, en entrant dans cette vaste galerie, ne fût frappé de la beauté et de l'éclat du premier coup-d'œil.

On appercevait d'abord, au fond de la salle, sur un piédestal élevé, le buste de l'Empereur, ombragé de lauriers et environné des drapeaux de la victoire. On remarquait les noms des plus célèbres actions de la dernière campagne. D'un côté étaient les attributs de l'agriculture ; de l'autre ceux du commerce, si dignes de la protection des administrateurs et des princes. Dans une des aîles de l'édifice était un monument en l'honneur de Malherbe, qui appartient à toute la France, mais que la ville de Caen réclame comme lui ayant donné le jour. Au-dessus de son portrait avait été placée la lyre, attribut particulier du genre de poésie auquel il se livra. On lisait ces mots du législateur du parnasse français, si souvent répétés et que la postérité a re tenus : ENFIN MALHERBE VINT. On avait aussi élevé dans l'autre aîle un monument à Rouelle, né aux environs de Caen et qui appliqua avec tant de succès l'étude de la chimie aux arts. Près de-là, on voyait des vases de porcelaine d'une grande beauté, productions de la manufacture de Caen. Sur quatre colonnes de marbre placées dans le point de vue le plus apparent, étaient retracés les noms d'Olivier - Basselin, de Massieu, de Cretonne et de Graindorge, et les services qu'ils ont rendus aux arts industriels. (*) On avait aussi consacré le souvenir de cet ouvrier normand qui inventa le métier à bas, mais sans pouvoir rappeler son nom que l'histoire n'a pas conservé, tandis qu'elle a recueilli ceux de tant d'hommes inutiles. A une des extrémités de la salle on avait gravé en grandes lettres l'observation si vraie sur la facilité de la critique et sur la difficulté de l'art, mais devenue inutile par la perfection des objets exposés et par l'esprit de bienveillance qui animait tous les spectateurs. Des faisceaux d'armes de la manufacture de M. Brunon formaient deux obélisques élevés qui répandaient le plus vif éclat. Des caisses nombreuses d'orangers, de lauriers rose, de myrtes ; des vases remplis des fleurs de la saison ; des guir-

landes de verdure, distribuées avec goût, con-
tribuaient beaucoup à l'ornement, en présentant
un aspect aussi varié qu'agréable. Mais la plus
belle décoration consistait dans les productions
des arts elles-mêmes. C'était sous plusieurs por-
tiques et sur de grandes tables, autour desquelles
il était facile de circuler, qu'on avait déposé les
échantillons d'industrie envoyés de tous les ar-
rondissemens du département. Si le concours des
objets a été nombreux, l'affluence du public n'a
pas été moins considérable. La salle n'a cessé,
pendant le temps de l'exposition, d'être remplie de spectateurs de toutes les classes, tant des
habitans du département que des étrangers que
la foire avait attirés.

Le jour fixé pour la distribution des médailles
était attendu avec un intérêt mêlé d'impatience.
Chacun voulait voir par lui-même si le jugement
qu'il avait porté en particulier serait confirmé par
la Société. En peu de temps la salle s'est trouvée
remplie. Les autorités civiles et militaires du département se sont fait un plaisir d'honorer cette
cérémonie de leur présence. Depuis long-temps
on n'avait vu une assemblée aussi nombreuse et
mieux choisie : le rapprochement des objets d'arts
et des personnes qui en font la consommation,
rendait bien intéressante cette réunion.

Le président de la Société a ouvert la séance par un discours sur l'utilité des Sociétés d'agriculture et de commerce et sur les services que celle de Caen n'a cessé de rendre depuis sa formation.

Le secrétaire chargé de recueillir les productions des arts, les a considérés sous un point de vue général et s'est attaché à faire sentir les avantages d'une exposition publique par l'émulation qu'elle produisait.

MM. Saffrey, Thierry père, Nicolas, Prud'homme, Ducheval, prenant alternativement la parole, ont fait des rapports particuliers sur les objets qui avaient le plus fixé l'attention ; et le président a distribué des médailles aux fabricans qui en ont paru les plus dignes.

M. le Préfet du département a profité de cette heureuse circonstance pour délivrer aussi un prix accordé par le gouvernement au sieur Waron, contrôleur des douanes à Dives ; qui, au péril de sa vie, avait sauvé celle de seize marins prêts à périr sur les côtes du Calvados : il était beau de voir dans une même séance, les talens et la vertu récompensés.

Mais la Société n'a pas voulu borner sa reconnaissance à un hommage passager et à la distribution de quelques médailles. Elle a désiré en prolonger le souvenir et en donner des témoignages constans dans un rapport destiné à l'impression. Chargé de lui servir d'organe en cette occasion, nous craignons, quelqu'intérêt que puisse d'ailleurs inspirer par lui-même le sujet, de ne pouvoir répondre à la confiance dont elle a bien voulu nous honorer. Pour les personnes qui ont vu l'exposition, un seul coup-d'œil jetté sur les objets divers qu'elle renfermait, a été plus à leur avantage que toutes les descriptions ; et ce que nous pourrions dire ici, n'en donnerait qu'une idée imparfaite à celles qui n'ont pas joui de cet agréable spectacle : cependant, aidé des différens rapports de la commission et consultant plus notre dévouement que nos forces, nous allons nous hasarder à parler encore une fois des fabriques du Calvados et des hommes estimables qui les dirigent.

La Société a décerné des MÉDAILLES d'argent, des MÉDAILLES de cuivre et des MENTIONS honorables. Ces trois espèces de récompenses serviront naturellement de division à ce rapport. Comme elles ont été données indistinctement des différens genres de fabrique, l'ordre que nous suivrons sera plus pour la facilité du récit, que pour la préférence accordée au mérite : chaque fabricant a le sien et nous n'en avons voulu éle-ver aucun aux dépens des autres.

MÉDAILLES D'ARGENT.

Moutons et laines de race Espagnole. — Parmi les objets qui nous ont paru dignes d'un plus grand intérêt, nous avons distingué ceux que notre sol peut multiplier facilement et qui concourent à faire fleurir à la fois l'agriculture et le commerce. Les laines fines, si importantes pour nos fabriques de drap, ont fixé d'une manière particulière notre attention ; et les personnes qui s'attachent à propager les moutons qui les produisent, ont acquis des droits bien légitimes à notre reconnaissance. Il ne s'agit plus de prouver par des discours l'utilité des moutons de race espagnole. Il faut désormais des exemples ; et M. de Livry est la personne qui, dans tout le département, les a donnés avec le plus de succès. Il possède à Blainville, près de Caen, 600 *mérinos*, et 1200 à Stains près de St-Denis. Nous avons offert aux regards du public les divers échantillons de laine de ses troupeaux, afin de les faire remarquer particulièrement des cultivateurs ; et la Société s'est empressée d'offrir une médaille à

M. de Livry, comme une juste récompense de son zèle aussi éclairé que désintéressé. C'est sous ces rapports avantageux qu'elle a donné des mentions honorables à MM. Thierry, de la Fresnaye, d'Aubigny. Elle a remarqué avec plaisir que depuis la première exposition, le nombre des *mérinos* commence à s'étendre dans le Calvados. Puissent-ils se propager de plus en plus ces moutons dont les dépouilles précieuses semblent nous rappeler la fameuse toison d'or de l'antiquité fabuleuse ! Ici point de fictions. Les avantages que nous vantons sont très-réels et il est facile de se les procurer.

Fabrique de drap. — Depuis qu'on s'était relâché de la rigueur des réglemens et qu'un système de liberté indéfinie avait succédé à l'établissement salutaire et indispensable des inspecteurs de fabrique, la manufacture de drap de Vire était dégénérée comme beaucoup d'autres. Des hommes avides, attachés à un bénéfice qui ne pouvait être que passager, employant de mauvaises matières, n'avaient fait que de mauvais ouvrages. Ceux qui nous ont été envoyés par MM. Tirel, Vente et Brouard-Desmarais détruisent l'idée désavantageuse que l'on avait conçue en particulier de la fabrique de Vire. Quelques uns de ces draps, d'un tissu plus fin, montrent jusqu'à quel dégré de supériorité elle pourrait parvenir. Mais l'amour-propre mis de côté et faisant place au véritable intérêt du manufacturier, celui de Vire trouve peut-être plus d'avantage à faire des draps communs, qui, par leur bas prix, sont d'un débit plus facile. Aussi avons nous exprimé le désir qu'on ne nous envoyât que les productions qui sortent journellement des ateliers pour être livrés au commerce, en recommandant toutefois de s'attacher au choix des matières et à la bonne fabrication. La Société voulant donner à la manufacture de Vire une preuve du plaisir qu'elle éprouve à la voir prospérer, lui a voté une médaille dans la personne de M. Tirel. Sans doute la ressource qu'elle présente pour l'habillement des troupes, n'échappera point aux regards bienfaisans du gouvernement.

Filatures de coton et fabrique de basin. — Pendant long-temps un préjugé funeste avait interdit à notre industrie départementale l'établissement des filatures à la mécanique, quoiqu'elles fussent adoptées dans presque toute la France et que la filature à la main languit dans le Calvados. Mais depuis la première exposition, trois filatures hydrauliques à grand système se sont élevées dans le département et chacune d'elles est en pleine activité. MM. Richard et Lenoir-Dufrêne si connus par leurs établissemens, en ont formé un à Aulnay qui réunit le double avantage de filer le coton et de l'employer à faire du basin. Les échantillons de fil qui ont paru à l'exposition sont d'une grande finesse et d'une grande perfection de travail. Ils vont jusqu'au numéro 130, c'est-à-dire, que l'on a obtenu 91,000 aunes d'une livre de coton : merveille de l'art que l'imagination peut à peine concevoir. Les différentes pièces de basin tissues par des élèves que l'on doit aux soins du directeur particulier, M. Boislambert, servent à prouver à toute personne sans prévention, que les Anglais ne font rien de mieux. En pensant que MM. Richard et Lenoir occupent plus de 4000 individus des deux sexes en France et que bientôt 600 ouvriers seront employés par eux à Aulnay, nous nous sommes empressés de leur présenter une médaille. Pourquoi faut-il qu'au moment même où M. Lenoir fournissait sa contribution aux arts, il payât le tribut fatal à la nature et que tandis que nous rendions hommage à son mérite, on lui rendît les honneurs funèbres. La Société a aussi distingué les productions des filatures de MM. Gervais et Picard de Bayeux, et de MM. Moulins, Baspont, Bautry jeune, du Champ-du-Bault près de Vire. Elle leur aurait offert des médailles, si le nombre n'en eût été très-borné. Elle a été forcée de s'en tenir à une mention honorable.

Fabrique de siamoises, de basins et de mousselines. — En voyant à la première exposition les productions de la manufacture des frères Parin de Bayeux, en observant l'intelligence et l'activité avec laquelle ils la dirigeaient, nous prévîmes qu'elle prendrait un jour une grande extension. Ils sont parvenus à monter quarante-un métiers, de dix-sept qu'ils avaient alors; et s'ils n'en ont pas d'avantage, c'est que leur emplacement n'en comporte pas un plus grand nombre. Ne se bornant pas aux simples siamoises dont le débouché n'a lieu que dans le département, ils font des basins et des mousselines qui sont enlevés par le commerce dès qu'ils sont fabriqués. Beaucoup de leurs mousselines sont aussi envoyées à Joui pour y recevoir l'apprêt de l'impression. Les frères Parin occupent plus de cent ouvriers, tous du pays. Ils emploient de préférence le coton filé chez MM. Gervais et Picard de Bayeux. Heureuse la ville où des fabricans aussi estimables sont venus demeurer! Heureux aussi les fabricans fixés dans une ville où il existe autant d'esprit public et où les administrateurs et les habitans concourent ensemble pour faire valoir leurs établissemens ! Pour nous, après avoir donné il y a trois ans des espérances aux frères Parin, nous leur offrons aujourd'hui une médaille.

Fabrique de dentelles. — De toutes les branches de commerce du département, celle à laquelle nous attachons le plus d'importance, est sans contredit la manufacture de dentelles ; c'est la plus étendue du Calvados. Elle occupe une multitude de personnes et leur procure une subsistance assurée à toutes les époques de leur vie. Elle présente d'autant plus d'avantages, que les matières premières qu'elle emploie sont le produit du sol français et que la fabrication qui est le résultat de l'industrie particulière du département, nous procure un commerce considérable avec l'étranger. Les objets que nous admirions à l'exposition de 1803 comme des nouveautés, les robes, les tuniques, les schals, les écharpes, nous paraissent aujourd'hui des ouvrages ordinaires. La première année on s'étoit borné à rapprocher avec adresse des morceaux séparés et l'œil le plus attentif y avait, il est vrai, été trompé. Cette fois on s'est attaché à faire ces mêmes ouvrages d'une seule pièce. Il a sans doute fallu bien du temps et bien du soin. Mais l'art a triomphé de tous les obstacles. Ces objets sans être plus brillans aux regards de l'amateur, présentent plus de perfection à l'œil exercé du connaisseur. Nous ne pouvons en général trop vanter la richesse des ornemens, la délicatesse du travail et la régularité de l'exécution. Nous en sommes redevables à l'heureuse conception du dessinateur, à la patiente activité de l'ouvrière et à la surveillance intelligente des fabricans. En leur donnant à tous les louanges qu'ils méritent, nous en devons plus particulièrement à M. Tardif de Bayeux. C'est lui qui a le plus contribué à perfectionner cette fabrique de dentelles par son empressement à se conformer au goût du jour et à suivre la diversité des modes. Ses voyages ont excité en lui une énergie qu'il a communiquée aux autres manufacturiers. Et loin de les regarder d'un œil jaloux, on l'a vu dans des temps difficiles tendre un bras secourable à ceux qui se trouvaient gênés par les circonstances. Exemple admirable ! Puisse-t-il trouver des imitateurs ! Il a aussi aidé de sa fortune et de ses conseils les établissemens qui viennent de se former à Bayeux. Par reconnais-

sance

sance de tant de services rendus au département ,
tous les fabricans se sont réunis à nous pour présenter une médaille d'argent à M. Tardif. Nous
regrettons de n'en pas avoir une d'or à lui offrir.

La ville de Caen possède également dans la
même partie un de ces hommes faits pour reculer les bornes de leur art , je veux parler de M.
Louis Houël ; pénétré de l'esprit public qui nous
animait , il s'est en quelque sorte associé à nous
pour faire briller l'exposition. Ses ouvrages rem-
plissaient une arcade entière. Tout le monde a
particulièrement remarqué un schal d'une aune
et demie quarrée fait d'une seule pièce. On n'é-
tait pas encore parvenu à exécuter une dentelle
aussi étendue dans ses dimentions sans avoir re-
cours au *raboutissage*. Trois ouvrières ont constamment travaillé à cet ouvrage pendant six mois.
trois mille fuseaux et dix-huit mille épingles y
ont été employés. L'exécution en paraissait si
difficile aux fabricans eux mêmes, que M. Houël,
afin de prévenir toute espèce de doute , a exposé
le métier de son invention qui a servi à exécuter
ce schal. Pour prix de tant de dévoue ment , M
Houël a reçu la médaille.

Si quelqu'un pouvait douter des avantages de
l'exposition, il en eût été bien convaincu par l'em-

pressement des fabricans, à faire des ouvrages parfaits et à les présenter au concours. Rien de médiocre n'a paru en dentelle. Tout le monde a admiré la finesse du fichu de M. Lacauve de Bayeux, la richesse de la robe blanche de mademoiselle Marescal, les belles proportions de la robe noire de madame Ameline, la difficulté vaincue dans les armes de l'empire, exécutées par MM. St-Jore fils et Willam Paysant, et les ouvrages moins brillans mais très réguliers de M. Lemaître. L'émulation a été si grande, que quelques personnes, telles que mesdames Ameline et Raby, ont exposé des ouvrages sans être achevés et encore sur le métier. Nous avons accordé des mentions honorables et bien méritées à tous ces fabricans, sans en excepter aucun. Il est à regretter qu'un lit de dentelle soit sorti de notre ville et ait reçu sa destination avant l'époque fixée pour l'exposition. Mais nous n'avons pu entraver les relations commerciales. Cet ouvrage, entrepris par mad^e. Menchon, a été vendu 40,000 francs. C'est un des plus considérables qui ait été fait dans le département. Quoique l'absence de madame Menchon l'ait empêchée de concourir cette année, nous avons cru devoir placer ici son nom, en nous rappelant que c'est elle qui, à la première exposition , donna le mouvement à la manufacture de Caen pour les ouvrages en grand. (*)

Fabrique de bonneterie. — La bonneterie, moins susceptible de développemens que la dentelle , et moins exposée à subir les variations de la mode, s'est appliquée à faire des ouvrages très-fins et très-soignés. En conservant le mérite de la bonne qualité, elle a réuni celui de la beauté du travail. Cette fabrique, si intéressante par son objet, a acquis cette année de nouveaux droits à nos éloges. Nous osons le dire , sans crainte d'être démentis, elle ne le cède actuellement à aucune autre de France et d'Angleterre. Les bas à 4 et 5 fils , sortis des métiers de M. Bella-my , en sont une preuve convaincante. Nous lui avons décerné une médaille pour ses beaux ou-

(*) Il est à craindre que beaucoup d'objets qui ont paru à l'exposition de Caen ne se trouvent pas à celle de Paris. Les fabricans , particulièrement ceux de dentelle, éprouvent la plus grande répugnance pour envoyer au loin et pour exposer aux intempéries de l'air et des saisons , des ouvrages d'un grand prix. Il en est de même de beaucoup d'autres objets d'un transport difficile par leur délicatesse et leurs dimensions. On ne pourra donc se former qu'une idée bien imparfaite de l'industrie et de l'exposition particulière du Calvados par le très-petit nombre d'échantillons du département que l'on verra à l'exposition générale.

vrages dans une partie qui mérite tant d'être en-
couragée ; car, si dans ce pays la dentelle occupe beaucoup de femmes, la bonneterie procure également beaucoup d'occupation aux
hommes. M. Longuet a rappelé le souvenir de
la médaille qu'il a obtenue à la première exposition, par ses divers échantillons de bas. Ceux
qui ont été fabriqués par M. Lebois annoncent
un excellent ouvrier. M. Godefroi, que ses con-
noissances dans les matières commerciales ont
élevé à différentes charges publiques, a présenté des bas chinés. Tous ces objets sont en coton.
D'autres faits en angora, dont la fabrication est
presque particulière à notre ville, ont été exposés par MM. Hamelin, Sorel, Blin, Gallet et
Martine. M. Julien a aussi des droits à notre souvenir pour le blanchîment des bas par le procédé de Bertholet, qui, en conservant le coton,
lui communique une blancheur presqu'éblouis-
sante. Il a déjà réconcilié plusieurs personnes
avec ce procédé si prompt, qui n'est discrédité
dans notre département que parce qu'il est em-
ployé par des mains inhabiles.

*Manufacture d'acide sulfurique, de sul-
fate de fer et d'alumine.* — Si, comme nous
l'avons déjà observé, les fabriques les plus dignes

d'encouragement sont celles qui employent les matières premières que produit notre sol, les hommes industrieux, qui savent tirer parti de ces matières inconnues ou négligées parce que l'on n'en sentait pas le prix, méritent également notre bienveillance. Tel est M. Chamberlain, aussi recommandable par son activité que par son instruction. La manufacture d'*acide sulfurique* (huile de vitriol), établie à Honfleur, languissait lorsqu'il se mit à la tête de cet établissement, qui depuis a toujours prospéré. Il avait découvert dans les environs d'Honfleur beaucoup de pyrites, dont il a su extraire du *sulfate de fer* (couperose verte du commerce), d'une qualité excellente. La fabrication de l'alun, qui a fixé d'une manière particulière l'attention de la Société d'encouragement de Paris, et pour laquelle elle a même proposé un prix, a aussi été l'objet de ses travaux chimiques. Il est parvenu à faire de l'alun avec les matières premières qu'il a trouvées dans ce département. M. Chamberlain obtient toutes ces substances par des procédés économiques qui lui sont particuliers. Pour lui, une première fabrique n'est qu'un moyen d'en former une seconde, et l'une fait toujours valoir l'autre. Nous lui avions déjà donné une

preuve particulière de notre estime, en l'asso-
ciant à nos travaux, comme membre résidant;
nous lui avons donné cette fois un témoignage
de la considération publique, en lui délivrant
une médaille.

Horlogerie et mécanique. — On a depuis
long-temps observé que les habitans du Calvados
étaient fort ingénieux dans la mécanique. Cette
exposition en a encore donné de nouvelles preuves. Parmi plusieurs ouvrages, on a distingué
une balance d'essai faite par M. Rullié de Caen.
Rien de plus commun qu'une balance ; mais,
malgré le grand usage de cet instrument, rien
de plus rare que d'en trouver d'exact : c'est
qu'il est peu de machine dont l'exécution exige
plus de précautions, d'adresse et d'habitude.
Cependant il est des arts dans lesquels la moin-
dre erreur de poids, peut en mettre beaucoup
dans les calculs et les résultats; celle dont nous
parlons, destinée à peser les matières les plus
précieuses, est d'une telle délicatesse, qu'un
dix millième de grain suffit pour la faire trébu-
cher. Mais M. Rullié s'occupe particulièrement
de l'horlogerie. Après avoir appris son art sous
les plus grands maîtres, notre compatriote, de
retour dans sa ville natale, a voulu nous dou-

ner une preuve de ses talens en ce genre. Il a exécuté une pendule très-compliquée, si l'on examine le nombre des pièces, et très-simple, si l'on considère la multitude d'usages auxquels elle est destinée. On est surpris que tant d'idées séparées se trouvent réunies dans une même pièce. Deux mobiles et la roue d'échappement constituent tout le rouage du mouvement. Chaque partie a été calculée exactement pour produire l'effet demandé. C'est le résultat savant de combinaisons mécaniques et astronomiques, et il n'est personne qui l'ait vue sans l'avoir admirée. Nous laissons à l'auteur le plaisir de décrire lui - même son ouvrage (*). La Société, applaudissant au mérite de M. Rullié, et désirant fixer cet artiste dans notre ville, lui a voté une médaille.

M. Hervais de Caen a présenté un instrument d'horlogerie inventé par lui pour fendre les roues, les pignons et les *égaliser*. Nous avons aussi reçu de lui une petite montre d'une forme agréable et dont l'échappement est à virgule. M. Morand d'Argence a exposé une pendule

---

(*) Voyez, dans le catalogue de la seconde exposition des productions des arts, la description de cette pendule.

à poids, marquant les minutes, les heures, le quantième et exécutant un carillon varié de six airs différens. M. Mellion d'Escots, près Saint Pierre-sur-Dive, qui ne sait ni lire ni écrire et qui doit tout à lui-même et rien à l'éducation, est parvenu à faire une horloge annonçant les heures par plusieurs airs de *forte* que l'on peut varier à volonté. Différentes figures mises en mouvement rappellent la journée du 18 brumaire et le concordat. Si l'on exigeait dans ces figures les proportions que réclament rigoureusement les règles du dessin, on seroit trompé ; mais si l'on ne s'attache qu'au mécanisme en lui-même, on sera surpris qu'un tel ouvrage ait été fait par un homme qui n'a reçu de leçon que de la nature. Cette machine délicate a éprouvé dans le transport des secousses qui lui ont causé quelque dérangement. Malgré ce désordre accidentel, il a été facile de distinguer le talent de l'auteur ; nous lui avons accordé une mention honorable ainsi qu'à MM. Hervais et Morand.

PRIX D'ENCOURAGEMENT.

La Société avoit d'abord arrêté qu'elle ne distribueroit que neuf médailles d'argent. Mais le nombre considérable des objets mis à l'exposition et l'intérêt qu'ils ont généralement inspiré par la perfection qui les caractérisait, l'ont mis dans l'agréable nécessité d'ajouter quatorze médailles en cuivre sous le nom de *prix d'encouragement.* Nous allons continuer de rendre compte des motifs et des considérations qui ont dirigé la Société.

Fabrique de mousselines. — Par suite des heureux effets de la première exposition, non seulement les anciennes manufactures fleurissent, mais plusieurs autres se sont nouvellement formées. M. Duperré le jeune, désirant occuper les enfans indigens de sa paroisse et ne voulant point les laisser languir dans une oisiveté funeste, a élevé à Feuguerolles-sur-Orne une manufacture de mousselines. Étranger à tout ce qui concernait cette partie, il a commencé par l'étudier lui-même. Il a formé ensuite ses jeunes élèves avec un dévouement qu'aucun obstacle n'a pu rebuter. Déjà sa fabrique prospère, elle pourrait même devenir un établissement considérable. Mais guidé par des sentimens d'humanité plutôt que par des motifs d'intérêt, M. Duperré après avoir atteint le but qu'il se proposait, n'a pas voulu donner une plus grande extension à sa manufacture. Au reste , la Société a pensé qu'il fallait honorer d'une manière particulière les hommes qui font un si louable usage de leur fortune et cherchent moins à l'augmenter qu'à l'employer utilement pour le bonheur de leurs concitoyens. Elle a décerné un prix à M. Duperré de Feuguerolles. L'affection des enfans auxquels il a procuré des moyens de subsistance et les remercîmens de leurs familles, seront pour lui une récompense bien plus flatteuse encore.

Manufacture de siamoises, de retorts et de cotonades. — Chaque arrondissement du Calvados a voulu payer sa contribution industrielle selon son genre de fabrique. Loin d'en dédaigner aucune, nous les avons toutes accueillies. Nous avons reçu de M. Lefort de Falaise une toile bleue en fil et coton, connue dans le commerce sous le nom de *retort* et qui sert de vêtement aux gens de la campagne. Cette toile fort simple, mais très-recherchée par son usage économique pour les gros travaux , n'a pas échappé aux regards pénétrans de la Société. Elle a cru même donner un encouragement général à cette manufacture de Falaise en accordant un prix à M. Lefort, homme actif qui a beaucoup contribué avec M. Henri l'Epine à son accroissement. La

Société a vu aussi avec plaisir que le zèle de M. Gervais Leclerc de Falaise ne s'est point ralenti depuis l'exposition de 1803. Ne se bornant pas à faire des mouchoirs *façon Cholet*, qui lui valurent alors une médaille d'argent, il fabrique encore d'excellentes toiles propres à l'impression. Si nous nous permettions de lui faire un reproche, ou plutôt de lui exprimer nos regrets, ce serait de voir que son établissement n'est pas formé assez en grand. MM. Duclos-Bazin et Prieur frères de Condé-sur-Noireau ont fait parvenir des siamoises batonnées, des cotonades glacées et des mouchoirs qui proviennent des fabriques de cette ville si importante sous le rapport du commerce et dont nous avons reçu trop peu d'objets, quoiqu'elle pût nous en fournir beaucoup. Ceux qui nous ont été envoyés n'ont pu concourir, parce qu'ils sont parvenus trop tard.

Fabrique de grosse bonneterie. — La bonneterie de Caen nous a offert cette année des objets qui ne laissent rien à désirer pour la beauté et la finesse. C'est sans doute un grand avantage que d'être enfin parvenu à obtenir sur les fabriques étrangères cette préférence que le luxe et l'opulence leur avaient donnée. Mais en nous attachant aux progrès de l'art, nous avons aussi envisagé la consommation générale. La bonne et solide exécution dans des ouvrages d'un prix inférieur procure de grands avantages. En fournissant des objets employés par un grand nombre de personnes, elle occupe beaucoup de bras. Si les manufacturiers ont craint de mettre à l'exposition des ouvrages d'une fabrication ordinaire, ils se sont trompés sur les intentions de la Société qui désire encourager toutes les branches d'industrie. Chaque pays, chaque fabrique a son genre de travail ; le meilleur en général est celui qui procure le plus d'occupation et un plus grand produit : sous ce rapport, la grosse bonneterie de Falaise a des droits aux encouragemens, et M. Davois, connu avantageusement dans ce commerce, a reçu un prix.

Manufacture de chapellerie. — Il est peu de contrées en France qui fournissent d'aussi bonnes matières et en aussi grande abondance pour la chapellerie que ce département. Mais nous avons le chagrin de voir tous les ans les fabricans de Paris et de Lyon nous acheter à Guibray et à Caen les poils de lièvre si communs dans ce pays, pour nous les revendre après les avoir mis en œuvre. Cependant il existe ici de bons chapeliers qui pourraient former de grands établissemens. Les ouvrages fabriqués par MM. Goyer et Dauphiné, demeurans à Caen, sont remarquables par leur finesse et leur beau noir. Ceux de M. Laval de Bayeux nous ont paru mériter encore la préférence. L'étoffe en est tout-à-la-fois plus moëlleuse et plus solide ; il est également parvenu à tirer un parti avantageux du poil d'Angora, avec lequel il fait des chapeaux. Nous lui avons donné un prix.

Manufacture de papiers peints. — Nous avons accordé le même honneur à MM. Leflaguais, père et fils, pour leur fabrique de papiers peints. Ils sont faits avec goût sans être recherchés dans les dessins et les couleurs. MM. Leflaguais ont trop de jugement pour vouloir rivaliser sous ce rapport avec les grandes manufactures de la capitale. Ils auraient vainement tenté d'imiter ces beaux ouvrages que le luxe inconstant varie sans cesse, qui toujours présentent des nouveautés et offrent un aliment continuel à la mode ; une fabrique de ce genre ne peut exister qu'à Paris ou dans une très-grande ville. Le prix des objets de la manufacture de MM. Leflaguais est modéré : aussi en font-ils un débit considérable. Nous avons remarqué que tous les papiers qu'ils soumettent à l'impression, sont fabriqués dans le département. Chaque année il sort de leurs ateliers vingt-quatre mille rouleaux qui se vendent à cent lieues à la ronde. Ils trouvaient avant la guerre un débouché facile et très-étendu dans les îles de Gersey et de Guernesey, et même aux Etats-Unis d'Amérique.

Fabrique de limes. Tandis que nos armées victorieuses parcouraient l'Autriche, des hommes zélés, s'attachant de leur côté à une autre espèce de conquête bien précieuse, tâchaient d'enlever aux étrangers une branche de commerce dont ils sont depuis long-temps en possession. M. Brunon, fondateur de la belle manufacture d'armes de Caen, et M. J. J. Gautier, qui appartient à une famille si distinguée dans les arts, unissant leurs efforts pour faire cette guerre d'industrie à nos ennemis, ont établi à Caen une fabrique de limes anglaises et allemandes, dont la bonté de la trempe et de la taille a été reconnue. Ils les font à l'aide d'une mécanique aussi simple qu'ingénieuse, mais qu'ils n'ont trouvée qu'après bien des essais et bien des travaux. Ne nous lassons point de donner des éloges à MM. Brunon et Gautier puisqu'ils ne se lassent point de nous donner des productions nouvelles ; ils ont reçu un prix comme un faible dédommagement de leurs peines et des frais considérables qu'a nécessité leur établissement.

Fabrique de coutellerie et de damas. — La fabrique de coutellerie de Caen et de Falaise était autrefois très florissante : Elle l'était déjà du tems de nos ducs de Normandie. Mais elle est bien dégénérée depuis. Ce n'est pas que nous manquions de bons couteliers. Nous en possédons plusieurs qui ne le cèdent point aux meilleurs ouvriers de Paris. Mais ils ne sont point dédommagés de leur travail par la vente. Depuis la suppression des inspecteurs de fabrique, la France est inondée d'ouvrages imparfaits qui, avec une certaine apparence, n'ont aucune qualité, mais sont recherchés à cause de leur bas prix. Nos couteliers, jaloux de leur réputation, dédaigneraient de faire de tels ouvrages, si faciles d'ailleurs à imiter. C'est un motif pour nous de témoigner une estime particulière à ceux qui honorent ainsi leur état. Parmi plusieurs objets, la Société a remarqué les instrumens de chirurgie de Mrs Ledanois, père et fils ; elle a distingué les couteaux de leur façon et ceux de la fabrique de madame veuve

Letulle. MM. Ledanois se sont attachés à faire le couteau sans clou de Caen et à imiter ceux de plusieurs autres manufactures. Un prix leur a été bien justement décerné. Il en a aussi été accordé un à M. Lasseret, de Caen, pour ses ouvrages façon damas. On sait que le damas est une espèce d'acier qui ne consiste pas seulement dans la trempe, mais encore dans une combinaison particulière de fer nerveux et d'acier, dont les proportions, le travail et le mode de la trempe sont restés jusqu'à présent inconnus en France. Peut-être le seront-ils long-temps encore ; car M. Lasseret, cet homme si estimé dans son état, que la mort vient de nous enlever récemment, a emporté avec lui son secret.

Taillanderie. — Un des grands avantages de l'exposition, a été de faire connaître les hommes de mérite en tout genre. Il en est dans les campagnes qui tiennent à cet état d'obscurité dans lequel ils resteraient, si on ne les en tirait, souvent presque malgré eux. Monsieur Gueret de Putot, village entre Caen et Bayeux, a exposé, d'après notre invitation, une enclume pesant 500 livres. Cette masse de fer a été forgée à un feu de forge ordinaire ; toutes les pièces en ont été réunies et soudées de manière à ne for-

mer

mer qu'un seul corps avec l'acier qui recouvre la surface supérieure. Par cet ouvrage, M. Gueret, presqu'octogénaire, a prouvé qu'avec de l'adresse et de l'intelligence, on pouvait souvent se passer des moyens mécaniques ordinairement employés pour ces sortes de travaux, dont l'exécution est reconnue difficile même dans les grands ateliers. On doit aussi à cet habile taillandier plusieurs bons ouvrages en fer forgé. La Société, qui a su apprécier son mérite, n'a pas hésité à lui accorder un prix. Elle s'est proposée, par cette récompense, de donner de l'énergie aux ouvriers de la campagne, parmi lesquels il se trouve quelquefois des hommes intelligens et réfléchis, mais aussi beaucoup d'autres abandonnés à la routine. Il a été donné des éloges à M. Levasnier de Cresveuille, pour un doloir à l'usage de la tonnellerie, à M. Goulet de Tournebu, pour ses différens instrumens de jardinage et à M. Chalotte d'Hermival, pour ses instrumens employés à la culture particulière des pépinières.

C'est ici le moment de parler d'une charrue inventée par M. Durand de Glotz, arrondissement de Lisieux. Au milieu de tant d'objets d'industrie mis à l'exposition, la Société a particulièrement distingué celui ci, qui tenait à l'agri-

C

culture. Le but de M. Durand de Glotz, était d'obtenir un double ouvrage à l'aide d'un double soc. La commission chargée d'examiner cette nouvelle charrue, a observé que les socs, en ouvrant les sillons, ne plongeaient pas dans la terre assez profondément et d'une manière égale ; ce dernier inconvénient a paru d'autant plus grand, qu'il semble impossible de semer un champ labouré inégalement : nous engageons l'auteur à donner à cette charrue le dégré de perfection dont elle est susceptible, et nous le félicitons d'avoir dirigé ses travaux vers une chose aussi utile.

Fabrique de lampes à courant d'air et de ferblanterie. — Depuis que les lampes à quinquet sont devenues à la mode et que ce moyen d'éclairer les appartemens a été adopté dans beaucoup de maisons, nous avons senti la nécessité de posséder dans notre département de bons ouvriers en ce genre. Non seulement il fallait acheter ces lampes à Paris, mais on était obligé de les y renvoyer pour un simple racommodage. M. Danjou après avoir travaillé dans les meilleures fabriques, est venu se fixer à Caen depuis trois ans. A peine y a t-il été établi, qu'il y a trouvé de l'occupation et que toutes les villes voisines se

sont empressées de profiter de son talent. Il travaille également bien le fer blanc, lui fait pren-
dre les formes les plus élégantes et sait lui donner le poli brillant de l'orfèvrerie. M. Danjou
a obtenu une médaille pour avoir introduit une
nouvelle branche de commerce dans le Calvados.

Ebénisterie. — Il est une autre espèce d'ouvrage pour lequel nous sommes trop souvent encore tributaires de la capitale. C'est l'ébénisterie.
Depuis quelques années que le luxe devenu général a pénétré dans toutes les classes de la société,
on ne s'est pas borné à la distribution commode
des maisons. On est aussi devenu très-recherché
dans le choix des meubles. Le goût le plus sévère
en ce genre peut être satisfait par les ébénistes ha-
biles que nous possédons ici. Et personne n'en a
douté en voyant les ouvrages sortis des mains de
M. Lunel. Un secrétaire à cylindre tournant sur
son axe, des colonnes tronquées en bois satiné
jaune, un métier à broder haussant par ressort
à volonté, montrent ce qu'il est capable de faire
dans les différentes parties de son état. Ce jeune
homme, né avec le goût des beaux arts, a per-
fectionné ce don de la nature par l'étude du dessin. Nous lui avons donné un prix. Le lit mé-
chanique ingénieux exécuté par M. Blondel n'est

qu'un faible échantillon de tout ce qu'il fait dans la ménuiserie. Il ne trouvera sans doute pas mauvais que nous ayons prononcé son nom, malgré l'espèce d'oubli auquel il a voulu se vouer. Nous lui devions des remercimens pour ses ouvrages qui réunissent la solidité de la ménuiserie à l'élégance de l'ébénisterie.

Fabrique de sellerie — Dans un pays où l'on élève des chevaux d'une si belle race, dans une ville où il se trouve une école d'équitation et tant d'amateurs distingués, la fabrique de sellerie ne peut offrir que beaucoup d'avantages pour le commerce. Parmi les ouvrages de cette espèce, que nous avons vu paroître cette année, deux ont fixé l'attention et partagé les suffrages. L'un étoit une selle à la française par M. Turquetil, l'autre une selle anglaise présentée par M. Maréchal. Si l'on remarquait la forme élégante de celle-ci, on étoit frappé de la bonne coupe et des belles proportions de celle-là. D'un côté on observait que les particuliers font un usage habituel de la selle anglaise; de l'autre on représentait que la selle française est préférée dans l'art militaire. Chacun avait ses partisans bien prononcés. Parmi ces deux objets qui, pris séparèment offrent un égal mérite, le motif de décision étoit difficile. La

Société elle-même embarrassée sur le choix, est restée long-temps indécise. La sellerie est une des parties dans laquelle on a remarqué le plus de zèle parmi les fabricans. Il ne nous a point échappé et nous avions plus d'un motif pour ne point voir avec indifférence une émulation qu'il est si intéressant d'entretenir, particulièrement dans cette partie, puisqu'elle est liée à la fabrique de cuirs, à la broderie, à la maréchalerie et à beaucoup d'autres états. Ce n'était point à nos sollicitations que MM. Marechal et Turquetil avoient cédé. Ce n'était point par complaisance et par déférence, c'était dans le vif désir d'obtenir le prix qu'ils concouraient. La Société voulant récompenser leur empressement, leur a donné à tous deux un prix pour ne pas accorder à un seul une injuste préférence.

Manufacture de tabac et fabrique d'huile. — On ne peut parler de la manufacture de tabac de Caen, sans se rappeler avec intérêt l'homme respectable qui l'a fondée et sans exprimer les regrets que nous avons éprouvés en le perdant. Il semble que cette année, dans ce département, la mort ait particulièrement frappé les hommes de mérite, ou plutôt l'exposition, en attirant davantage l'attention sur eux, en a plus fait sentir la perte. Les enfans de M. Lecavelier, dignes héritiers de ses qualités, ont soutenu son établissement avec distinction malgré les entraves que le nouveau mode d'impôt leur fait éprouver. Ils ont aussi établi à Verson et à Laise près de Caen, des fabriques d'huile de rabette et de colza, que l'on cultive beaucoup depuis quelques années dans nos campagnes. La culture de ces plantes intéresse également et le laboureur et le fabricant. Les huiles qui en proviennent sont très-propres à l'éclairage et à l'apprêt des laines. Au lieu de les tirer des départemens voisins comme nous faisions il y a quelque temps, nous pouvons aujourd'hui par les soins de Mrs Lecavelier en exporter beaucoup. Pour des services aussi importans, la Société ne se bornant pas à des éloges envers cette famille si utile au commerce, a voulu lui donner des preuves plus durables de son estime en lui accordant un prix.

MENTIONS HONORABLES.

On a pu observer dans différens articles de ce rapport, qu'en parlant de la distribution des médailles nous avons également rappelé les mentions honorables accordées par la Société, lorsque le approchement naturel des objets entre eux le permettait. En nous écartant du plan que nous

nous étions d'abord tracé, notre intention a été de mettre plus d'ordre et de lier entre elles les matières. Nous allons continuer de passer en revue les autres productions d'industrie qui ont aussi mérité des mentions honorables et paru dignes d'éloge.

Manufacture de toiles. — Tout le monde a remarqué les échantillons de toiles de Lisieux, qui égalent en beauté et surpassent en qualité celles des fabriques les plus estimées. Il suffit de nommer les *cretonnes* pour être dispensé d'en faire l'éloge. La manufacture de Caen a soutenu aussi son ancienne réputation. M. Legendre a présenté des nappes de deux aunes de largeur et des échantillons de toiles damassées et unies, qui lui ont mérité une mention honorable.

Fabrique de nankin. — Le nankin des Indes a été l'objet constant des recherches de plusieurs chimistes distingués. Mais personne n'est parvenu aussi bien que M. Bouvier à l'imiter. Non-seulement son nankin peut soutenir la comparaison avec celui des Indes pour la couleur, mais encore pour la solidité du teint, qui lui fait supporter les épreuves de la lessive et du savonnage sans être altéré. Nous devons des remercimens à M. Bouvier pour cette découverte ; nous en devons aussi à madame Laisné qui, quoi qu'étrangère au commerce, n'a rien négligé pour la faire réussir, dirigée par le seul mobile de l'intérêt public. La Société désirant fixer leur établissement naissant dans le Calvados, à cause des résultats avantageux qu'il promet, s'est empressée de mentionner honorablement les noms de madame veuve Laisné et de M. Bouvier. On ne peut donner trop d'éloges aux personnes qui, malgré la frivolité du siècle où nous vivons, se livrent avec désintéressement à des occupations toujours pénibles lorsqu'on n'en a pas contracté de bonne heure l'habitude, et qui ne cherchent d'autres dédommagemens de leurs peines que dans l'espoir d'être utiles à leur pays.

Manufacture de faïence. — Depuis long-temps la Société désirait qu'il s'établit dans le département une manufacture de faïence qui, tenant le milieu entre la porcelaine et la poterie, moins chère que l'une et plus belle que l'autre, est d'un usage général. Elle voyait avec peine que tous les ans, aux foires de Caen et de Guibray, des étrangers nous apportassent les productions de leurs fabriques et remportassent en échange notre numéraire. M. Lepeltier voulant nous affranchir de ce tribut onéreux, a formé un établissement en

ce genre à Caen, qu'il a cédé ensuite à M. Bougon. Celui-ci est parvenu à faire une faïence qui
résiste au feu, est légère et d'une forme aussi
agréable que commode. Elle imite la couleur
blanche, jaune, brune, noire, de Rouen et de
Montereau. Ajouter qu'elle est d'un prix modéré, c'est dire qu'elle ne laisse rien à desirer. Nous
avons suivi constamment les travaux de Mrs Lepeltier et Bougon et nous savons combien ils ont
fait de sacrifices avant d'arriver à la perfection.
Avec quel plaisir nous leur donnons les éloges
qu'ils méritent. La Société s'est empressée de
leur accorder une mention honorable. Sans
doute que les habitans de Caen et du Calvados ne verront pas avec indifférence une fabrique aussi utile formée au sein du département ;
mais la meilleure manière de s'y intéresser, c'est
d'acheter les objets qu'elle produit, et dans cette
occasion l'intérêt particulier se trouve réuni à
l'intérêt public, puisque cette faïence offre toutes
les qualités que l'on peut exiger.

Art du luthier. — MM. Salles et Thibout,
luthiers à Caen, ont présenté des lyres de leur
composition qui sont d'une forme très-agréable.
Un forte-piano de M. Thibout annonce la con-
naissance pratique et réfléchie de son art. C'est

[42]

particulièrement dans la réparation des violons
que M. Salles excelle ; souvent, par ce talent heureux, il est parvenu à obtenir des sons agréables
d'un instrument brisé et mutilé, qui ne rendait
auparavant que des sons durs à l'oreille. Une mention honorable a été accordée à MM. Salles et
Thibout. Dans une ville où la musique est culti-
vée avec autant de succès qu'à Caen, il est agréable pour l'amateur de trouver des hommes, qui
peuvent satisfaire son goût dans la composition
de tous les genres d'instrumens. M. Leroy, luthier
à Lisieux, a exposé un bec de clarinette d'une
forme nouvelle, inventée par lui. Nous n'avons
reçu cette année aucun ouvrage de M. Lebre-
ton, qui exerce en ce moment l'état de facteur
d'orgues à Rouen. Quoique nous désirions le
posséder parmi nous, nous nous consolons de son
absence, en pensant qu'il ne peut donner ailleurs
qu'une idée avantageuse du pays où il a pris naissance.

Ce rapport est déjà fort long et cependant nous
ne pouvons passer sous silence plusieurs autres
établissemens dignes de nos éloges. Il en est même plusieurs auxquels nous n'avons pas offert cette
fois de médailles, parce qu'ils en ont obtenu à la
première exposition.

Malgré la difficulté du commerce extérieur, la manufacture de porcelaine de Caen s'est soutenue et a reparu avec un nouvel éclat. Elle est passée dans d'autres mains qui en tireront sans doute un parti avantageux ; mais nous n'oublions pas le zéle des fondateurs et la reconnoissance que nous leur devons.

La tannerie de M. Oursin continue aussi de faire des ouvrages qui répondent à sa réputation, et M. Mariette-Dumesnil tanneur à Bayeux, nous a envoyé de bons échantillons en ce genre. Nous espérons que la tannerie s'améliorant de plus en plus dans notre département, le mettra à portée de se passer des manufactures étrangères pour l'approvisionnement de ses habitans.

L'amidon que M. Motelet de Verson a présenté est beau et nous a paru d'une bonne qualité. Nous voyons avec plaisir s'élever hors de l'enceinte des villes un établissement de cette espèce.

La Société a donné des éloges à MM. Deshayes et Leroux, demeurans à Caen, pour leurs échantillons de colle forte à l'usage de la chapellerie et de la ménuiserie.

Elle en a accordé aussi à M. de Lafontaine de Caen pour sa fabrique de glands, de franges, de galons d'or, d'argent et de soie qui occupe un grand nombre de vieillards et d'enfans.

La manufacture de caparaçons de St-Silvain et de Poussy, dont MM. Londel et Bellés nous ont procuré des échantillons, est une de celles où il se fait les plus beaux ouvrages.

Le canevas travaillé à Magni-la-Campagne par M. Rivière est digne aussi d'être remarqué par sa bonne fabrication.

La ville de Caen possède plusieurs bons lapidaires, joailliers, orfèvres et metteurs en œuvre. M. Donnet monte avec beaucoup de goût le diamant. M. Boislambert travaille très-bien la bijouterie. M. Guillot fait les vases et autres orneméns d'église. Madame Alazard exécute tous les ouvrages d'orfèvrerie pour le service de la table. M. Lehecq monte le cristal de roche connu sous le nom de diamant d'Anctoville. Tous ont présenté des objets précieux dans leur genre.

MM. Taffu et Longuet ont offert des fourchettes et des cuillères d'une composition métallique dont ils font un grand commerce en temps de paix pour la pacotille.

M. Pierre Gautier a exposé cette année un tour en fer, de sa façon, sur lequel il exécute ces beaux ouvrages dont notre ville est remplie.

La machine à polir les glaces, inventée par M. Dacier, pompier à Bayeux, peut, par un mouvement horisontal et parfaitement uniforme, polir plusieurs glaces à la fois. La simplicité de cette machine, qui la rend si facile à comprendre au premier coup d'œil, ne doit pas diminuer à nos yeux le mérite de l'auteur. Elle avoit reçu l'approbation des directeurs de la manufacture impériale des glaces : la Société lui a également donné la sienne.

M. Lefèvre de Caen, particulièrement connu par ses travaux délicats en cheveux, a fait aussi un petit rouet à filer, composé de plus de cent quarante pièces.

Les morceaux en ivoire, en bois et en corne, exécutés au tour par MM. Noury et Dumontier, sont autant de difficultés vaincues. Il s'est établi entre eux une rivalité qui tourne au profit de l'art. Il en a été de même pour des chaises en merisier et en acajou, présentées par MM. Leboutellier, Hubi, Beuron et Fossard.

Nous avons vu encore cette année des papiers de beaucoup d'espèces de la fabrique de M. Désétables de Vire. On se plaignoit dans la papeterie de manquer des matières premières. Notre collègue en a trouvé une abondante dans la paille, qui jusques-là était presqu'entièrement réservée aux divers usages de l'agriculture.

Les imprimeurs ont voulu aussi soutenir l'honneur d'un art cultivé ici dès son origine. MM. Poisson, Leroy, Chalopin, Leroux de Caen, Brée de Falaise, Adam de Vire, ont présenté des ouvrages, la plupart remarquables par le choix des caractères et l'observation des règles de l'art.

M. Lecrène de Falaise, a offert des ouvrages très-variés dans la relieure des livres, et qui ne laissent rien à désirer aux hommes de goût.

On aura sans doute remarqué des peintures en or sur verre, de M. Piolin ; s'il se bornait à relever la transparence du cristal par l'éclat passager de l'or, ce procédé lui serait commun avec plusieurs autres personnes, et nous n'en parlerions pas : mais ce qui lui est particulier, c'est d'être parvenu à fixer, de la manière la plus solide, la dorure sur les cristaux.

Quoique ce rapport soit particulièrement consacré à faire valoir les productions des manufactures, exprimons notre reconnaissance aux artistes de différens genres, particulièrement aux peintres qui, se dépouillant de tout amour propre, n'ont pas dédaigné de placer leurs ouvrages à côté de ceux de leurs propres élèves. Il fallait une exposition publique pour faire connaître leurs talens variés. Comme leurs diverses compositions ont été long - temps sous les yeux du public, et qu'elles ont été détaillées dans le catalogue de l'exposition, nous nous contenterons de rappeler ici leurs noms, et ceux des maîtres et des amateurs en plusieurs genres, qui ont bien voulu aussi contribuer à l'embellissement du salon des arts.

M M. Biéville, Bloüet, Brard, Cailly fils, Cecire, Chaumontel, Conard, Coutances, Daigremont-St.-Manvieux, Desacres, Mme. Descostils, MM. Deshayes, Dubreuil, Mme. François, MM. Fromage, Gardot, Graverand, Guilbert, Guillet, Lapalme, Larose, Largilière, Lasson, Leconte fils, Legagneur, Lefèvre, Lerattre, Levéque, Mlle. Lucas, MM. Malherbe, Mangin, Monin, Morel, Nicolas, Poignant, Philippe, Salles, Sauvage, Tirone, Vardon, Vautier, Vilcoq, Vincent.

Nous regrettons de n'avoir pu présenter quelques tableaux destinés à orner les temples sacrés, et qu'une grande solemnité religieuse réclamait avant le temps de l'exposition. Nous éprouvons également des regrets de n'être point parvenus à surmonter la trop grande modestie de quelques artistes qui leur a fait soustraire leurs productions aux regards de leurs concitoyens.

Le temps n'a pas permis à un architecte distingué d'achever un projet de monument qui doit être consacré à Malherbe dans sa ville natale. Celui que nous lui avons élevé à la hâte au milieu de la salle de l'exposition, est sans doute peu digne de lui ; mais notre zèle l'aura fait excuser. La souscription ouverte pour un monument plus durable, sera bientôt remplie par les habitans de Caen et du Calvados, particulièrement par les membres de la Société. Car si nous consacrons de préférence nos soins à l'agriculture et au commerce, cependant tout ce qui intéresse l'honneur national nous intéresse fortement. Il étoit réservé à l'administrateur recommandable qui rappela à la France le nom oublié d'Olivier de Serres et lui consacra un obélisque dans le département de l'Ardèche, de placer la première pierre de celui que la ville de Caen doit ériger en l'honneur de Malherbe.

Si l'écriture est l'art de peindre la parole et de parler aux yeux , il est impossible de le faire plus agréablement que M. Gambey père dans

son

son tableau de principes. On y trouve à-la-fois le précepte et l'exemple réunis. Il est sorti de son école une foule de bons élèves parmi lesquels il faut citer son propre fils et Monsieur Fauvel qui marchent sur les traces de leur maître. M. Lalan a aussi exposé des modèles d'écriture. En général on a remarqué qu'il existait peu de villes en France où l'on écrivît aussi bien qu'à Caen.

Il est encore dans cette ville un talent très-répandu et porté fort loin, c'est celui de la broderie. Nous avons vu paraître des robes, des schals, des écharpes et d'autres objets propres aux vêtemens et à la parure des femmes, brodés en or et en argent, en coton et en laine, par mesdames Lemasle, Labossière, mesdemoiselles Carré, Hortence, Fiereville et Fauvel. Nous avons remarqué des paysages travaillés à l'éguille par madame Lafoye où les objets sont rendus avec une fidélité surprenante. Nous avons aussi distingué les ouvrages exécutés par les élèves des dames de la Visitation, de la Charité et des Bénédictines, dont les Maisons si utiles pour l'éducation de la jeunesse ont été conservées par le gouvernement.

Le règne végétal nous a également enrichis de ses productions. On élève dans le Calvados beau-

D

coup d'arbres, d'arbustes et de fleurs dont on fait un grand commerce dans toute la France et même dans les pays étrangers. M. d'Hérou qui se livre avec un zèle infatigable à la culture des plantes exotiques et indigènes, nous a procuré des arbres verts de beaucoup d'espèces, de sa pépinière de St-Pair près le bourg de Troarn. Par ses liaisons avec nos associés MM. Thouin et Bosc, inspecteur des pépinières de Versailles, il a été à portée de multiplier beaucoup de plantes inconnues jusqu'à présent dans ce département. Nous avons mis aussi à contribution le jardin de botanique de Caen, ceux de plusieurs amateurs, de MM. Defrance, Simon et Bisson. Nous avons reçu des jonquilles, des primevères, des anémones et des renoncules élevées par MM. Dubuisson, Voisin, Poutrel et Tourniant. Rendons graces aux personnes qui ont bien voulu nous confier ces fleurs, dont l'existence est si passagère.

Quoique nous nous soyons attachés à ne parler que des objets les plus dignes de fixer l'attention, et que nous ayons rejetté avec soin tout ce qui n'etait pas d'un intérêt général, ce rapport semblera peut-être beaucoup trop long. Mais il nous a fallu rappeler les noms de près de deux cents personnes et passer en revue plus de six cents objets qui ont paru à l'exposition. Entraîné par l'étendue du sujet, nous avons été forcé de donner à ce rapport plus d'extension que nous ne voulions. Peut-être aussi que tandis que le lecteur se plaindra de la prolixité des articles, le manufacturier qui en est l'objet murmurera contre leur peu d'étendue. Peut-être que d'un autre côté quelques personnes seront fâchées que nous les tirions de l'espèce d'obscurité dans laquelle elles voulaient rester. Pour en citer un exemple, on fait un commerce encore peu connu des pierres *siliceuses* du Frêne-Camilly, recherchées dans toute la France et qui servent à donner le poli aux cartes ; nous n'avons pas craint d'en parler. Il est sans doute dans les arts des secrets qu'il faut respecter ; souvent ce sont les fruits d'un long travail, les résultats d'expériences pénibles, enfin les inventions du génie. Mais nous n'avons pas balancé à dévoiler ceux qui ne sont que le calcul de l'intérêt.

Quelques fabricans qui croyaient avoir des droits aux médailles pourront témoigner du mécontentement de n'avoir point eu part à leur distribution ; qu'ils se gardent bien de nous accuser d'oubli ou d'indifférence. Sans doute que leurs ouvrages ne seront point parvenus à l'époque fixée par le programme. Plusieurs n'ont pu par cette raison concourir. Une autre exposition nous mettra à portée de leur rendre justice. Pour la plupart d'entre eux l'hommage dû au mérite n'est que différé et nous ferons tout ce qui dépendra de nous pour les dédommager d'avoir attendu.

Nous nous sommes attachés ici, d'une manière particulière, à faire connaître les manufactures et à présenter l'état actuel du commerce et des arts dans le Calvados.' Si nous avons atteint le but que nous nous proposions, on pourra facilement en saisir l'ensemble et s'en former une idée exacte : c'est une espèce de carte générale à laquelle nous donnerons plus d'étendue dans la statistique du département.

Ce rapport a dû sans doute être consacré plutôt à l'éloge qu'à la censure ; cependant nous nous sommes fait un devoir rigoureux de ne louer que les objets qui nous en paraissaient dignes, sans nous laisser entraîner par une indulgence blâmable ou par un enthousiasme toujours dangereux. La Société a vu avec un bien vif plaisir que plusieurs manufactures ont pris beaucoup d'accroissemens dans l'intervalle de trois ans, qui a séparé les deux

expositions. Les fabricans avaient d'abord donné
des preuves de talens ; ces talens se sont déve-
loppés et ont pris un plus grand essort. Précé-
demment ils avaient fait bien ; cette fois ils ont
fait mieux encore et ils se sont en quelque sorte
surpassés eux-mêmes. Il semblait que l'exposition
de 1803 n'avait servi qu'à préparer celle de 1806 :
la dernière a réuni beaucoup plus d'objets ; et en
comparant ce rapport avec celui qui a été publié
sur la première exposition , il sera facile d'apprécier les améliorations que nos fabriques ont
éprouvées : c'est la meilleure preuve de l'utilité
de ce genre d'institution. Elle a été pour les uns
un sujet d'émulation , pour les autres une source
d'instruction , pour tous un moyen de reculer les
bornes de leur art. La critique même est devenue
utile en cette circonstance. Le fabricant et l'artiste cachés dans la foule , en recueillant les suffrages de leurs concitoyens , ont en même-temps
profité des avis des hommes éclairés et reconnu
que souvent un conseil donné à propos vaut mieux
qu'un éloge.

Bientôt leurs ouvrages vont paraître sur un
théâtre plus vaste. L'Empereur , en appelant au-
près de lui les vainqueurs de l'Allemagne, a voulu
aussi s'environner des fabricans les plus distingués

D 3

de la France et unir les trophées de la victoire aux chefs-d'œuvres des arts. Qu'elle espérance ne nous fait pas concevoir cette protection accordée aux manufactures ! Que nos fabricans aillent donc offrir au milieu de la capitale de l'empire , des ouvrages dignes du Calvados et de l'industrie française ! qu'ils aillent recevoir les récompenses dues à leur zèle et à leur mérite !

(*) On ne sait pas exactement dans quel temps vivait *Cretonne*. Mais par le bon emploi de son industrie , il a mérité de donner son nom à la toile que l'on fabrique à Lisieux et dans les environs de cette ville. Le nom de CRETONNE consacré à désigner un objet aussi utile et aussi connu , a été transmis à la postérité d'une manière plus durable que si ses contemporains l'eussent gravé sur le marbre & sur l'airain.

GRAINDORGE, père & fils , nés à Caen , existaient dans les seizième et dix-septième siècles. Nous leur devons l'invention des toiles *damassées*. La toile de Lisieux est unie , celle qu'exécutèrent les Graindorge , fut ornée de dessins et de figures. On en fait encore un grand usage pour les services de table ; une de ces espèces de toiles a même conservé le nom des inventeurs. André Graindorge formait des carreaux et des fleurs. Richard , poussant encore plus loin ce talent , inventa le métier de haute-lisse , dont on a depuis tiré tant de parti en France et dans les pays étrangers. Il

parvint à représenter des personnages et des faits his-
toriques. Cet homme si habile dans son art, était d'une
grande simplicité. Lorsque Henri IV et Marie de Mé-
dicis vinrent à Caen, on leur offrit des toiles repré-
sentant des sièges et des combats. Comme le roi témoi-
gnait son admiration pour ces beaux ouvrages, Graindorge ne cessait de répéter : *Ce sont là mes œuvres, sire
roi.* Quelqu'un lui ayant marché fortement sur le pied
pour le faire taire, il lui échappa un mot très-énergi-
que qui fit beaucoup rire Henri IV et toute sa cour.

Olivier BASSELIN perfectionna le moulin à foulon.
Il est moins connu dans les arts industriels que dans
la poésie, quoique celle-ci ne fût pour lui qu'un délas-
sement. On a dit que le meilleur maître en poésie était
la nature. Ce fut celui du menuisier Billant ; ce fut
aussi celui du foulon Basselin. Mais long-temps avant
que Nevers eût vu maître ADAM, Vire avait donné
le jour à Basselin. Il vivait au quinzième siècle, à
l'époque où la littérature française était encore dans son
enfance. C'est aux vaux de Vire dont on a fait le mot
de *Vaudeville*, que le joyeux Basselin s'exerçait à faire
des chansons. Il est peu de vallée qui offre un aspect aussi agréable ; il n'en est point de plus propre à inspirer un
poëte. Ce séjour champêtre excitait la verve de notre
chansonnier rustique. Presque tous ses vers sont consa-
crés à Bacchus : il chantait le Dieu du vin, en buvant
le jus des pommes. Si ces vers se ressentent de la simplicité du temps où ils ont été composés, ils en ont aussi la naïveté ; ils étaient d'ailleurs assaisonnés par la
gaieté, quelquefois même par un peu de malice. Chacun

venait avec empressement entendre ses chansons, les apprenait avec facilité et les répétait à l'envi. Elles ont servi de modèle à celles qu'on a composées depuis sous le nom de Vaudevilles.

MASSIEU de Caen vivait sous Louis XIV. Il établit dans sa patrie une fabrique de *ratine*, espèce d'étoffe de laine croisée qui eut beaucoup de réputation. On la préférait même à celles d'Abbeville, de Beauvais et de Vienne. L'arrière petite fille de Massieu a épousé notre correspondant M. Oberkampt de Joui. On ne pouvait allier deux noms plus recommandables dans le commerce.

www.ingramcontent.com/pod-product-compliance
Ingram Content Group UK Ltd.
Pitfield, Milton Keynes, MK11 3LW, UK
UKHW022320120726
13694UKWH00004B/1487